我的航模课

飞机陈列馆

卢韦军◎主编

水平尾翼

起落架

机翼

机身

33027

安徽师范大学出版社
ANHUI NORMAL UNIVERSITY PRESS

·芜湖·

图书在版编目(CIP)数据

我的航模课.飞机陈列馆 / 卢韦军主编.—芜湖:安徽师范大学出版社,2024.3
ISBN 978-7-5676-6652-8

Ⅰ.①我… Ⅱ.①卢… Ⅲ.①航模－青少年读物 Ⅳ.①V278-49

中国国家版本馆CIP数据核字(2024)第040962号

WO DE HANGMO KE FEIJI CHENLIEGUAN

我的航模课——飞机陈列馆

卢韦军◎主编

责任编辑:吴毛顺　　　　　　责任校对:李子旻

装帧设计:王晴晴　姚　远　　责任印制:桑国磊

出版发行:安徽师范大学出版社
　　　　　芜湖市北京中路2号安徽师范大学赭山校区　　邮政编码:241000

网　　址:http://www.ahnupress.com/
发 行 部:0553-3883578　　　5910327　　　5910310(传真)
印　　刷:安徽联众印刷有限公司
版　　次:2024年3月第1版
印　　次:2024年3月第1次印刷
规　　格:787 mm × 1092 mm　1/16
印　　张:6.25
字　　数:96千字
书　　号:ISBN 978-7-5676-6652-8
定　　价:68.00元

凡发现图书有质量问题,请与我社联系(联系电话:0553-5910315)

《飞机陈列馆》
编委会

顾　问　（按姓氏拼音排序）

冯　锐　国际级运动健将，航海模型F1-V15项目世界
　　　　纪录保持者
施俊平　高级教练，江西省航模队主教练，国家级裁判员
王士民　高级教练，国家级裁判员
张世光　全国航空航天模型锦标赛总裁判长，国家级运动
　　　　健将，国家级裁判员

主　编　卢韦军

副主编　任　彬　高　青

编　委　（按姓氏拼音排序）

侯东明　黄　涛　毛慢慢　时　磊
汪邦国　吴嘉豪

卢韦军 工程师，启扬航模教育创始人，从事青少年航模教学和研发十余年；航空航天模型国家级裁判员，全国航空航天模型锦标赛裁判员，曾任"飞向北京·飞向太空"全国青少年航空航天模型教育竞赛活动总决赛国派裁判员、项目副裁判长。

写在前面的话

人类的飞行梦想，从模仿飞鸟开始。在早期设计的滑翔机的基础上，莱特兄弟研制出了第一架由飞行员控制动力驱动的飞机——飞行者一号。从此，人类的飞行梦想变成了现实。

百年来，人类从未停止对航空航天的探索。从中国空间站太空家园的建设，到国产 C919 大飞机开始运营，中国正在由航空航天大国向航空航天强国迈进。为了激发青少年对航空航天事业的热爱，培养更多的航空航天人才，2023 年 3 月 10 日，体育总局航管中心、中国航空运动协会印发了《航空航天模型课程标准（试行版）》。

航模活动既是一项科技活动，也是一项体育运动。在着力发展素质教育的今天，航模课既能提高学生的技术能力、实践能力，又能提高他们的科学思维能力。使用一些简单的材料和工具，通过自己的操作就可以完成一个个航空航天模型，或静态摆放，或动态放飞，对于孩子们来说是一件非常有趣的事，在煅炼孩子们动手能力的同时，还可以帮助他们拓展知识，树立远大的航空航天梦想。

"我的航模课"以动手操作结合知识拓展，将各种模型的制作和静态展示、调试放飞、操纵和创意设计融入课程中，激发孩子们对航模的兴趣和探索欲望，使他们从中体验航模制作与飞行的乐趣。

"我的航模课"丛书（共 12 册）只是我们探索航模课程的起点，后续将不断完善课程体系和航模教具。为了更加合理地呈现航模的知识和特点，在考虑孩子们的动手能力、知识体系等因素之后，编者团队开展了大量的调研、论证工作，多次筛选模型教具，提炼模型知识。丛书在创作过程中得到了多位航空、航模教育专家和器材厂家的大力支持和指导，采纳了多位基层航模教练、学校老师的宝贵意见，在此一并表示衷心的感谢！

由于时间仓促、编者能力有限，丛书难免会有错误和遗漏。恳请广大读者批评指正，以便后续修订。

目录

　　大家好！欢迎来到"飞机陈列馆"课堂。我是本期陈列馆特约讲解员，本学期航模课的主题是了解航空的发展，建立自己的飞机陈列馆！

太棒了！

　　小朋友们，你们知道与飞行梦想相关的故事吗？

精卫填海

嫦娥奔月

鲁班鸟

飞翔的天使

⋯⋯

哇，你们知道的可真多！从古代的神话故事到各种飞行探索，人类一直在为实现飞行梦想努力。从现在开始，我们一起沿着人类探索飞行的历程来学习航空知识，建立一所我们自己的飞机陈列馆，好不好？

好！好期待啊！

飞行梦想

古代的飞天神话

　　中国古代有非常多关于飞行的神话故事，其中最著名的就是"嫦娥奔月"了。相传远古时候有一位叫嫦娥的女子，她吃了一粒"不死之药"飞上了月宫。这个故事源自古人对日月星辰的向往与崇拜，也是古人对通过神秘力量实现飞行的想象。

　　古希腊人也有关于飞行的神话故事。相传古希腊有一位男孩叫伊卡洛斯，他和父亲被囚禁在一座荒岛上，于是他们用蜡和羽毛制作了一对飞行的翅膀，想逃出荒岛，他们越飞越高，离太阳越来越近，最后炽热的太阳烤化了蜡，他们最终坠入了大海。这个故事反映了古希腊人对飞行的渴望。

人类的飞行探索

　　中国古人很早就开始进行真正的飞行探索，2000多年前就发明了孔明灯、风筝和竹蜻蜓等。

　　400多年前，意大利的达·芬奇通过研究鸟类的飞行，设计了一系列飞行器，提出了固定翼机、旋翼机、降落伞等飞行器的想法，为现代飞行贡献出宝贵的灵感。

竹蜻蜓

达·芬奇直升机模型

载人飞行时代

1783年,法国的约瑟夫·蒙哥尔费和埃蒂纳·蒙哥尔费兄弟制作的热气球实现了人类首次载人飞行。

1852年,法国的亨利·吉法尔完成蒸汽动力飞艇的可操纵飞行,这是人类首次有动力航空器飞行。

热气球

动力飞艇

1853年,英国的乔治·凯利制造了一架滑翔机,进行了人类历史上首次重于空气的航空器的载人飞行。

1891年开始,德国的奥托·李林达尔深入研究了鸟类的飞行,制造了多架滑翔机,先后完成了2000余次飞行,积累了丰富的研究成果和试飞数据。

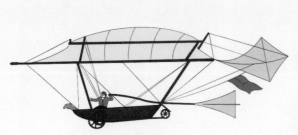

乔治·凯利的滑翔机

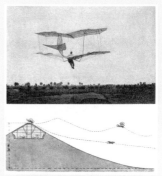

奥托·李林达尔的滑翔机

1903年12月17日,美国的威尔伯·莱特和奥维尔·莱特兄弟利用他们自己设计制造的"飞行者一号"飞机,成功完成了人类历史上第一次载人、有动力、可控的飞行,开启了人类航空新时代。

中国航空博物馆内的"飞行者一号"模型

莱特兄弟

操作基础

榫卯结构

榫卯是中国古代的精巧发明,它用凹凸的方式将两个构件连接在一起,凹的部分称为卯或卯孔,凸的部分称为榫或榫头。

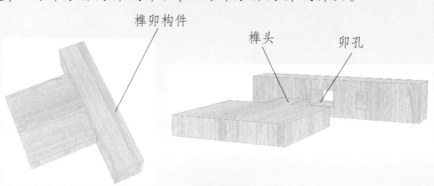

榫卯构件　　榫头　　卯孔

榫卯结构

榫卯安装的注意事项

在我们的航模制作中经常会用到榫卯结构,采用插接方式安装部件,在进行榫卯安装时要注意观察榫卯的对应关系,了解材料的特性。

比如,在安装纸模或泡沫飞机时,考虑到材料的弹性,通常会设计得紧一些,这时需要将泡沫榫头捏扁一些,以便更容易将榫头插到卯孔里。

如果是木质结构,为更方便地将榫头插入卯孔,需要将榫头轻轻地打磨圆滑一些。

打磨过的榫头

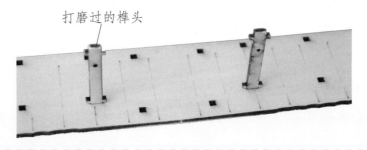

 创意制作

飞机陈列馆中会有很多飞机,这些飞机都摆放在哪呢?你可以用身边的材料设计一个陈列飞机的沙盘吗?请说说你的想法!

你的创意或想法	所用的材料	效果图(照片或手绘)

模型一

"冯如一号"飞机模型

大家好，你们知道中国的航空之父是谁吗？

不知道。

大家都知道莱特兄弟发明了飞机，可是有一位中国人，在莱特兄弟发明了飞机后不久，也设计制造出了自己的飞机，他就是中国的航空之父——冯如！

这也太厉害了吧，那他设计了什么飞机呢？

他吸取了"飞行者一号"的优点并进行了改进，设计制造了"冯如一号"飞机。

今天我们就来一起制作一架木质"冯如一号"飞机模型。大家想知道这架飞机是什么样的吗？

想!

今天我们就采用木质材料制作一架"冯如一号"飞机模型!大家还记得木质模型制作前的口诀吗?

木头太紧卡不进,打磨功夫少不了!

很好,那我们开始吧!

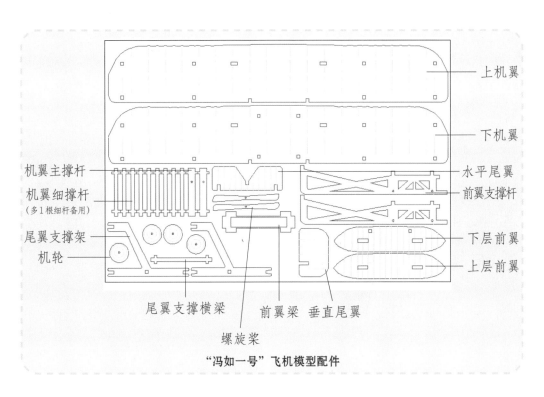

"冯如一号"飞机模型配件

7

模型制作

第1步

取出机翼支撑杆,将榫头打磨圆滑一点,分清上下机翼,然后将支撑杆卡进下机翼。

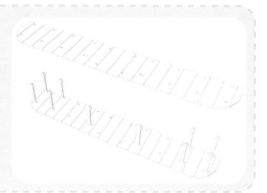

第2步

将上机翼对齐机翼支撑杆的榫头卡进去,先卡两边的支撑杆,再卡中间的支撑杆。

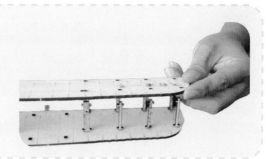

第3步

将前翼支撑杆卡进下机翼。

第4步

分清上下层前翼,将上下层前翼与前翼梁组装在一起。

第5步

将组装好的部分翻过来,并将前翼支撑杆顶端卡进下层前翼的卯孔。

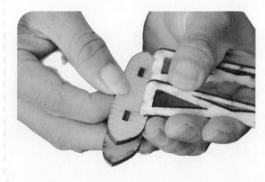

第6步

将尾翼支撑架和尾翼支撑横梁组装在一起。

第7步

将尾翼支撑架卡进上下机翼。

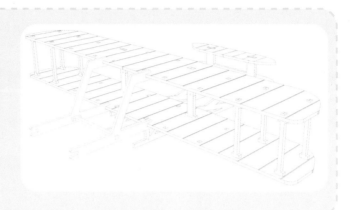

第8步

对齐水平尾翼的榫槽,将水平尾翼卡进尾翼支撑架。

第9步

将垂直尾翼卡进水平尾翼中间的榫槽内。

第10步

取出两根牙签作为螺旋桨轴,将牙签的一头穿进螺旋桨的圆孔里,另一头穿进机翼主撑杆的圆孔里。

第11步

取出两根牙签作为机轮轴,分别穿过前翼支撑杆的圆孔,再将四个机轮分别卡进牙签的两端,卡紧。

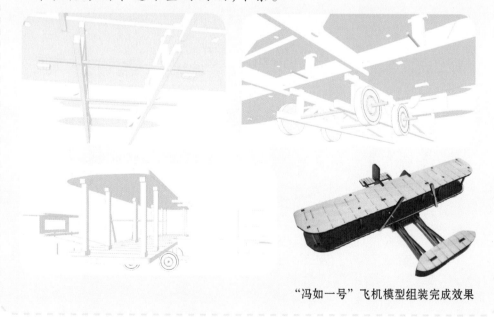

"冯如一号"飞机模型组装完成效果

制作完成,你遇到了哪些困难?请在下表中将小五角星涂上颜色,给自己的作品一个评价吧!

制作评价表

评价人	组装完成度	制作水平	制作时长
自评	☆ ☆ ☆ ☆ ☆	☆ ☆ ☆ ☆ ☆	
老师评(家长评)	☆ ☆ ☆ ☆ ☆	☆ ☆ ☆ ☆ ☆	

 知识拓展

冯如精神

1884年,冯如出生于广东一户贫困家庭,他从小热爱模型,12岁随舅舅到美国谋生。看到西方科技的强大后,他决心学习科技报效祖国。6年以后,转往纽约攻读机械制造专业。

5年过去了,冯如掌握了广博的机械制造知识,已成为当时一位小有名气的机械制造专家。

当他看到美国莱特兄弟发明了飞机时,冯如决心自己制造飞机。

经过潜心研究,冯如完成了中国人自己设计、制造的第一架飞机——"冯如一号"。

1909年9月21日,冯如驾机迎着强风起飞,升至4.5米高,环绕一个小山丘飞行了约800米,显示飞机具有良好的性能。

后来冯如继续研制升级飞机,先后多次受挫,而他始终奋斗不止。1911年1至2月,冯如驾驶飞机在海湾多次环绕飞行,其最高速度为104千米/小时,飞行高度达200余米,飞机性能达到了当时的世界先进水平。

为了向群众普及航空知识,唤起国人对祖国航空事业的认识与支持,1912年8月5日,冯如在广州进行飞行表演,不幸飞机坠毁,冯如身受重伤,经抢救无效离世。

冯如被公认为中国航空之父,是中国第一个提出"航空救国"主张并付诸实践的人。

中国航空之父——冯如

模型二

纽波特-17飞机模型

大家好，自从莱特兄弟发明了人类真正意义上的有动力、可操控、载人的飞机以来，航空业得到了高速发展。第一次世界大战中，飞机作为一种新技术产品被应用到了战场。第一次世界大战中的飞机是什么样的呢？

我猜是木头的，飞得很慢，可以扔炸弹！

嗯，第一次世界大战刚开始时，有很多木头材料的飞机，飞行速度也很慢，所装备的武器可以说非常简单，还形成不了多少战斗力。

今天我们就来一起认识一架法国制造的飞机，它的名字叫纽波特-17。

好！

今天要制作的纽波特-17飞机模型是一架3D纸模拼装模型，大家还记得拼装口诀吗？

记得！模型用力讲技巧，不用蛮力细细瞧；泡沫榫头捏一捏，老师见了都叫好！

真棒！加油！

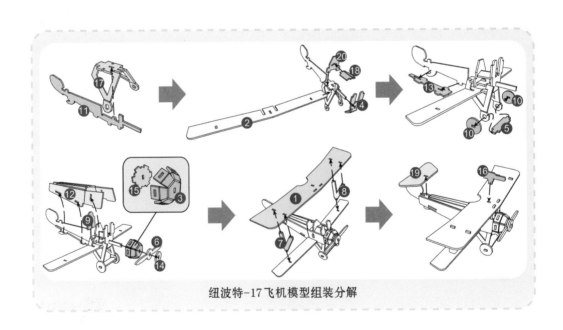

纽波特-17飞机模型组装分解

请仔细观察图中各个配件，判断它们的位置和作用，然后根据零件编号按下面的步骤完成组装。

 模型制作

第1步

组装前起落架。

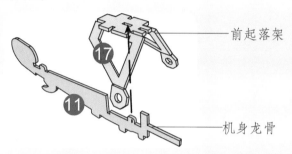

前起落架

机身龙骨

按图中的方法将前起落架和机身龙骨组装在一起。

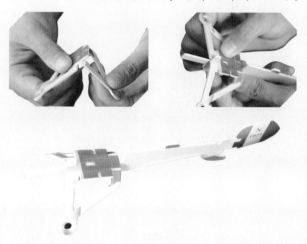

组装效果

第2步

安装下机翼
和机身前部配件。

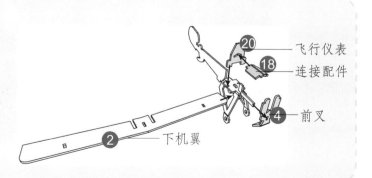

飞行仪表

连接配件

前叉

下机翼

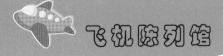

1.将下机翼从前起落架下方穿过并卡紧。

2.将前叉从前起落架底部卡紧,然后上翻卡进龙骨。

3.将飞行仪表直插并卡紧。

4.将连接配件前后卡进前叉和飞行仪表。

组装效果

第3步

安装尾部地板和前机轮。

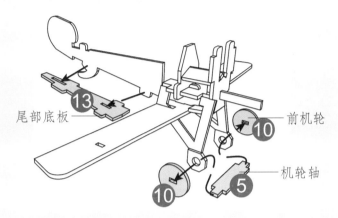

1.将尾部底板卡进龙骨。

2.将机轮轴卡进起落架,再将两个机轮分别从两端卡紧。

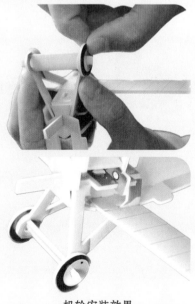

机轮安装效果

第4步

安装机身蒙皮和动力部分。

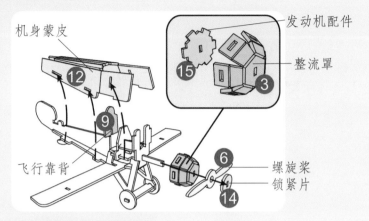

1.将飞行靠背直插并卡紧。

2.将机身蒙皮弯折安装到位并卡紧。

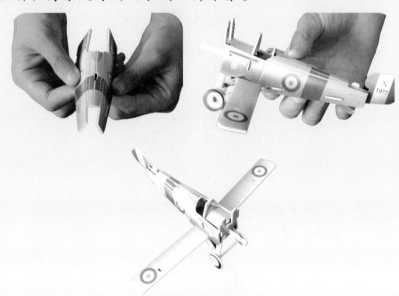

机身蒙皮安装效果

3.将发动机和整流罩组装在一起并卡进机头。

发动机安装效果

4.将螺旋桨和锁紧片按顺序卡进机头。

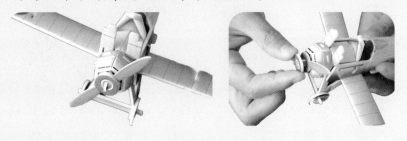

第5步

安装上机翼。

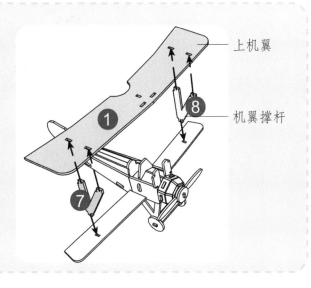

上机翼

机翼撑杆

1.将机翼撑杆卡进下机翼。

2.将上机翼对准机翼撑杆和前叉的榫扣并卡紧。

上机翼安装效果

第6步

安装水平尾翼和机载武器,完成总装。

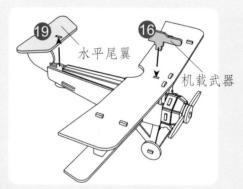

19　水平尾翼

16　机载武器

1.将机载武器卡进上机翼。

2.将水平尾翼卡进垂直尾翼的榫槽内。

纽波特-17飞机模型组装完成效果

制作完成,你觉得自己完成得怎么样呢? 请在下表中将小五角星涂上颜色,给自己的作品一个评价吧!

制作评价表

评价人	组装完成度	制作水平	制作时长
自评	☆ ☆ ☆ ☆ ☆	☆ ☆ ☆ ☆ ☆	
老师评(家长评)	☆ ☆ ☆ ☆ ☆	☆ ☆ ☆ ☆ ☆	

 知识拓展

第一位"王牌"飞行员

大家知道吗,第一位被冠以"王牌"飞行员称号的是法国人罗兰·加洛斯,他在1915年4月不到20天的时间里,击落了三架敌机并迫降了两架敌机。

大家可不要小看这个战绩,在第一次世界大战刚爆发的时候,飞机只是作为侦察机使用。在空中和敌人面对面的时候,只能绅士般地挥手致意,如果想要攻击对方,双方飞行员都要大动脑筋,刚开始居然用梭镖、网等作为武器,后来虽然飞行员配备了手枪,可是在飞机上根本打不准,所以要想击落敌方的飞机,难度可想而知。

罗兰·加洛斯是一个不安于现状、争强好胜、喜爱冒险和挑战的人,参战前他热衷于创造飞行纪录。

加入空军后,罗兰·加洛斯与朋友一同试验,试图将机枪装在机头上。他发明了一种叫偏折板的装置,该装置使得子弹可以穿过旋转的螺旋桨或被偏折板弹开而不会打到桨叶。

1915年4月1日,他驾驶着飞机侦察德军阵地并试验他的新武器,成功地击落了一架德国飞机,此后不到20天的时间又成功地击落了两架敌机并迫降了两架敌机,这为他赢得了第一个"王牌"飞行员的称号。虽然他设计的武器系统有很大的缺陷,但为后来在飞机上架设武器提供了思路,开创了飞机空战的时代。

罗兰·加洛斯

模型三

P-51 野马飞机模型

大家好！在第一次世界大战结束仅仅21年后，又爆发了第二次世界大战。此时航空技术已得到了快速发展，战斗机在第二次世界大战中大放异彩，出现了很多款优秀的飞机。

我在电影里看过，有俯冲的战斗机，有轰炸机，还有跳伞的……

是的，第二次世界大战中，空军已成为独立的军种。根据不同用途，飞机分为战斗机、轰炸机、运输机和侦察机等。你们觉得它们和第一次世界大战中的飞机有什么明显不同吗？

嗯……
速度更快了！
全金属的材料！
只有一层机翼了！

你们说的都对。第一次世界大战后飞机技术发展很快,越来越先进,我们今天就来学习制作一架第二次世界大战中非常优秀的P-51野马飞机模型。你们仔细观察哦,看看它与上一架纽波特-17飞机模型有什么不同。

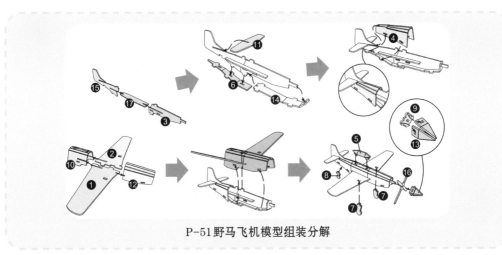

P-51野马飞机模型组装分解

请仔细观察图中各个配件,判断它们的位置和作用,然后按下面的步骤完成组装。

模型制作

第1步

组装机身龙骨、机头龙骨和垂直尾翼。

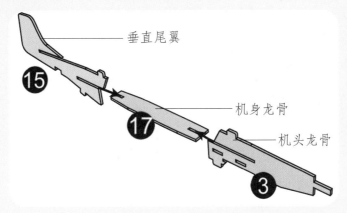

垂直尾翼

机身龙骨

机头龙骨

将机头龙骨和垂直尾翼通过机身龙骨组装在一起。

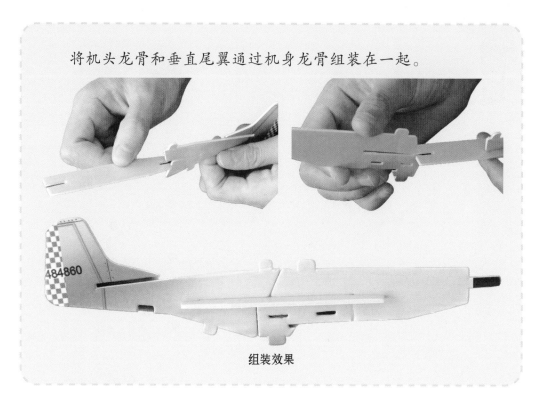

组装效果

第2步

安装水平尾翼和前后舱底板。

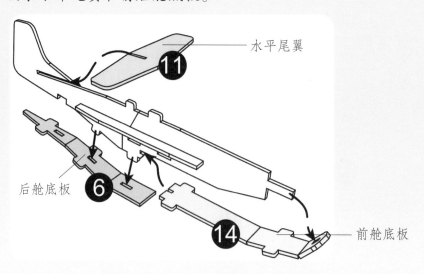

水平尾翼

后舱底板

前舱底板

1.将组装好的龙骨组件翻过来,将前舱底板前面的卵孔套进机头轴后弯过来,再卡进龙骨的下方榫头。

2.将后舱底板卡进龙骨。

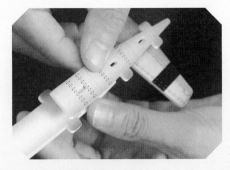

3.将水平尾翼卡进垂直尾翼。

组装效果

第3步

安装后段机身蒙皮。

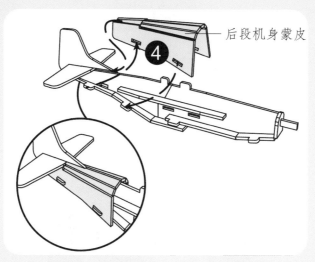

后段机身蒙皮

1.将后段机身蒙皮弯折成形。

2.先卡进垂直尾翼,再向下翻,从两边对齐机身榫头卡进去。

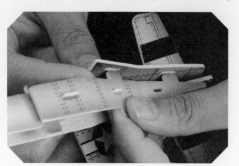

后段机身蒙皮安装效果

第4步

安装中、前段机身蒙皮和机翼。

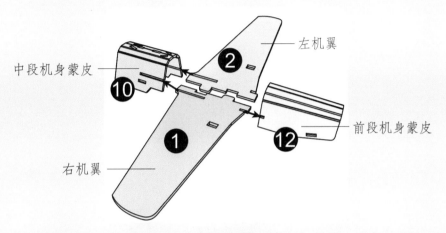

中段机身蒙皮

左机翼

前段机身蒙皮

右机翼

1.将机翼与中段机身蒙皮的榫槽十字交叉卡紧,注意机翼方向。

2.将前段机身蒙皮弯折,用同样的方法与机翼交叉卡紧。

机身蒙皮与机翼组装效果

第5步

将机翼和机身组装起来。

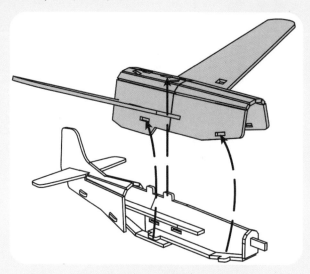

　　将机翼组件与机身龙骨组件所有榫卯对齐,观察卡接位置,先将一边卡紧,再翻过来将另一边卡紧。

机身、机翼组装效果

第6步

组装整流罩。

整流罩配件

整流罩

将整流罩配件卡进弯折成形的整流罩。

第7步

组装螺旋桨、驾驶舱盖和机轮。

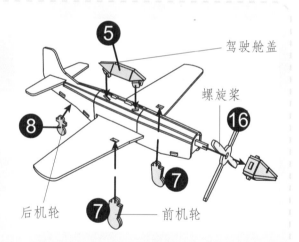

驾驶舱盖

螺旋桨

后机轮

前机轮

1.依次将螺旋桨和组装好的整流罩卡进机头轴内。

2.将驾驶舱盖弯折成形,对齐中段机身蒙皮的卯孔卡紧。

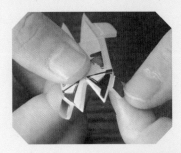 

驾驶舱安装效果

3.将前后机轮折好,卡进机翼和机身尾端对应的卯孔内。

P-51野马飞机模型组装完成效果

制作完成,你觉得自己完成得怎么样呢?请在下表中将小五角星涂上颜色,给自己的作品一个评价吧!

制作评价表

评价人	组装完成度	制作水平	制作时长
自评	☆ ☆ ☆ ☆ ☆	☆ ☆ ☆ ☆ ☆	
老师评(家长评)	☆ ☆ ☆ ☆ ☆	☆ ☆ ☆ ☆ ☆	

 知识拓展

威震抗日战场的"飞虎队"

1937年,美国退役空军上尉陈纳德,受邀来到中国考察中国空军,并担任顾问。他在中国看到了日本帝国主义的侵略,决定援助中国建立援华航空队。

1941年7月中旬,陈纳德将军组建"中国空军美国志愿援华航空队"。航空队拥有68架飞机、110名飞行员、150名机械师和一些后勤人员,与中国军民共同抗击日本侵略者。

1941年12月20日,10架日本飞机进犯中国昆明,志愿队初战告捷,在首次对日空战中就击落敌机6架,一战成名。昆明各报相继报道战斗经过,称美国志愿队的飞机是"飞虎",志愿队被称为"飞虎队"。

飞虎队成立以后在中国云南阻击日本侵略者,保卫云南到缅甸的国际支援运输线,取得了很大的战果,有力抗击了日本侵略者。后经过扩建改编,仍留在中国抗日,与中国抗战军民建立了深厚的友谊。

中国航空博物馆展出的P-40E战斗机

模型四

F-4鬼怪飞机模型

大家好！你们见过F-4鬼怪飞机吗？它的样子是不是有点怪？

哦，真是挺怪的。

大家觉得哪里怪呢？

它的机翼是向上折的，机尾却是向下折的。

是的，但它是一架优秀的战斗机。今天我们就来制作一架F-4鬼怪飞机模型，好不好？

好！

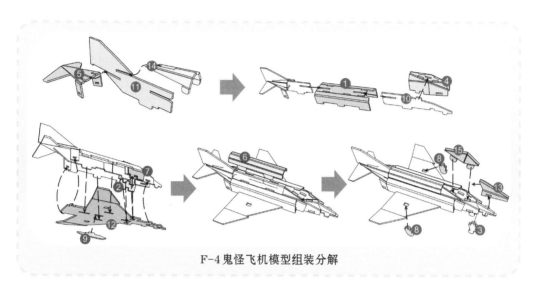

F-4鬼怪飞机模型组装分解

　　请仔细观察图中各个配件,判断它们的位置和作用,然后按下面的步骤完成组装。

 模型制作

第1步

组装尾翼和机尾蒙皮。

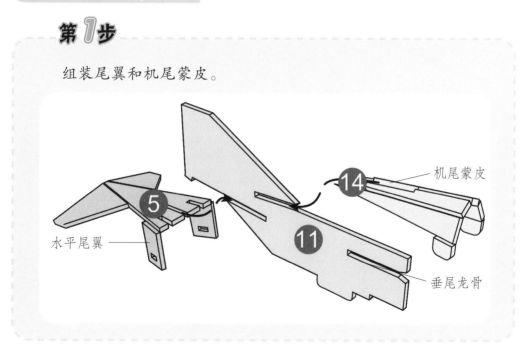

水平尾翼

机尾蒙皮

垂尾龙骨

33

将水平尾翼和机尾蒙皮折叠成形并组装起来。

水平尾翼、机尾蒙皮和垂尾龙骨组装效果

第2步

组装机头、机身和机尾。

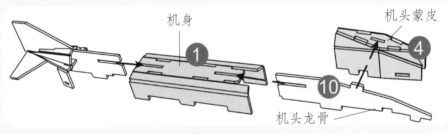

机身

机头蒙皮

机头龙骨

1.将机身和机头蒙皮弯折成形。

2.将组装好的机尾与弯折好的机身插接在一起。

3.将弯折好的机头蒙皮与机头龙骨组装起来。

4.将机头与机身部分插接在一起。

第3步

安装机翼和进气道、副油箱。

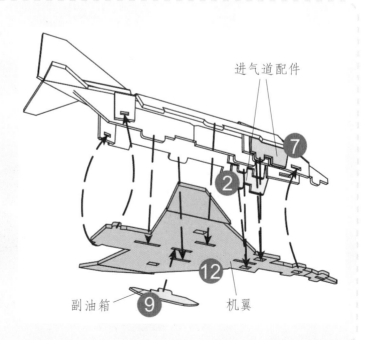

进气道配件

副油箱　9　机翼

1.先将机翼中线上的卯孔对准机身龙骨并卡紧。

2.将进气道配件卡进机翼前部的卯孔内。

3.将机身和机翼上的榫卯对齐卡紧。

机翼安装效果

4.将副油箱卡在机翼中线的卯孔内。

第4步

安装机身配件。

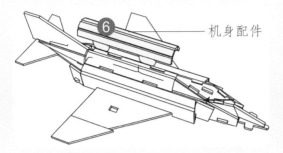

机身配件

将机身配件弯折成形,然后卡进机身的卯孔内。

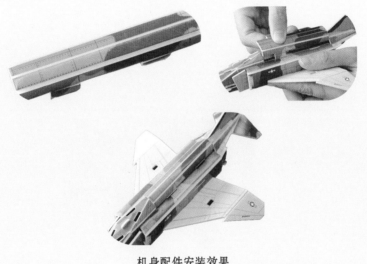

机身配件安装效果

第5步

安装起落架、机头罩和驾驶舱。

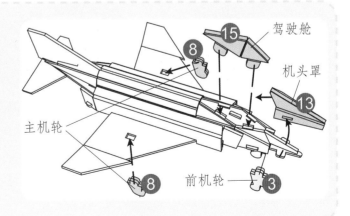

驾驶舱

机头罩

主机轮

前机轮

1.将机头罩、驾驶舱弯折成形,然后分别卡进对应卵孔内。

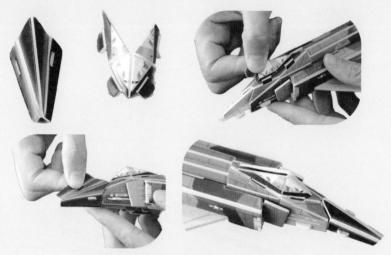

2.将前后机轮安装到机腹对应的卵孔内。

F-4鬼怪飞机模型组装完成效果

制作完成,你觉得自己完成得怎么样呢?请在下表中将小五角星涂上颜色,给自己的作品一个评价吧!

制作评价表

评价人	组装完成度	制作水平	制作时长
自评	☆ ☆ ☆ ☆ ☆	☆ ☆ ☆ ☆ ☆	
老师评(家长评)	☆ ☆ ☆ ☆ ☆	☆ ☆ ☆ ☆ ☆	

 知识拓展

空中的"鬼怪"

第二次世界大战以后,航空技术得到了巨大的发展。苏联设计的米格-15战斗机展现了非常优秀的空战能力,这给美国带来了压力,他们急需设计出一款能够对抗米格-15的战斗机。

美国的麦克唐纳飞机公司拿到了美国海军的任务,开始设计一款新式舰载拦截战斗机。麦克唐纳飞机公司设计了一款名叫恶魔的战斗机,代号F3H,它以导弹作为主要战斗武器。后来发展了多个型号,其中F3H-2M型可以携带4枚麻雀导弹。但恶魔战斗机好像并不是很成功,它的"心脏"——发动机,一直都不是很可靠。

这时,各国都开始设计第二代高空高速战斗机,麦克唐纳飞机公司设计了一款新型战斗机——F-4鬼怪战斗机。它是一款典型的第二代战斗机,最大飞行速度达到2.23马赫,实用升限18500米。它有出色的对地打击和高速侦察能力,是一款多功能、全天候的战斗机。但它在空战方面却战绩平平,一旦遇到近距离空战就尴尬了,因为它只有导弹,没有机炮。

F-4鬼怪战斗机

模型五

SU-37 侧卫终结者飞机模型

小朋友们，大家好！又到了制作飞机模型的时间了！

太好了！请问今天我们制作什么飞机呢？

大家还记得那架鬼怪战斗机吗？它有什么特点呢？

当然记得，它是一架超音速的战斗机，它有两台发动机……

很好！今天我们继续跟着世界航空技术的发展，来制作一架新型战斗机。

哇，那它叫什么，是一架什么样的战斗机呢？

不要着急。今天我们制作的是SU-37侧卫终结者战斗机，也是一架拥有两台发动机的超音速先进战斗机，它拥有可以控制角度的发动机喷口，简称矢量推进器，可以在空中做出超机动作。我们一起来制作一架吧！

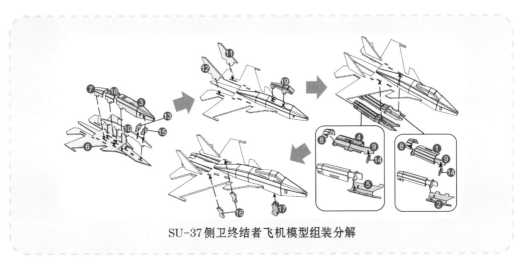

SU-37侧卫终结者飞机模型组装分解

请仔细观察图中各个配件,判断它们的位置和作用,然后按下面的步骤完成组装。

模型制作

第1步

组装飞机蒙皮、龙骨和机翼。

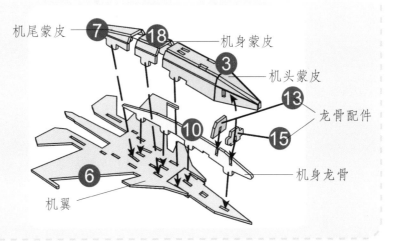

机尾蒙皮 — 7
18 — 机身蒙皮
3 — 机头蒙皮
13 — 龙骨配件
10
15
6
机身龙骨
机翼

1.将龙骨卡接到机翼上。

2.将龙骨配件按顺序卡接到龙骨上。

3.将机头蒙皮、机身蒙皮和机尾蒙皮弯折成形,对齐机翼的卯孔并卡紧。

蒙皮、龙骨和机翼组装效果

第2步

安装驾驶舱和垂直尾翼。

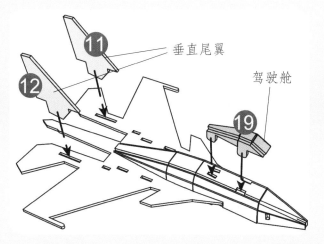

1. 将驾驶舱弯折成形,对齐卯孔并卡紧。

2. 将垂直尾翼卡进机翼后端对应卯孔。

驾驶舱和垂直尾翼安装效果

第3步

组装右发动机和进气道。

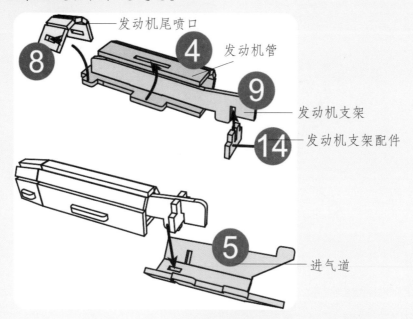

- 发动机尾喷口
- 8
- 4 发动机管
- 9 发动机支架
- 14 发动机支架配件
- 5 进气道

1.将发动机管、尾喷口和进气道弯折成形。

2.将发动机支架的榫头卡进发动机管一侧的卯孔内。

3.将发动机管的另一侧卵孔卷过来卡在发动机的榫头上，收拢。

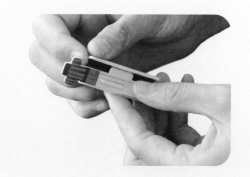

4.将发动机尾喷口安装到尾管上。

5.将发动机支架配件安装在支架上。

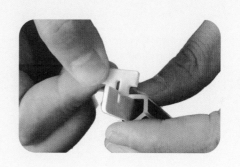

第4步

组装左发动机和进气道。(同第3步)

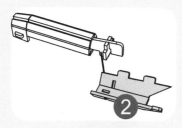

左、右发动机和进气道组装效果

第5步

安装发动机和进气道。

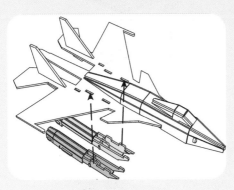

发动机和进气道安装效果

第6步

安装机轮。

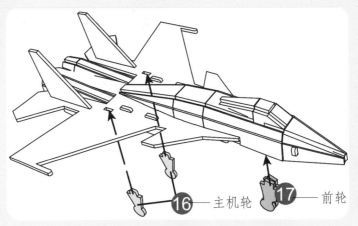

16 — 主机轮   17 — 前轮

将前后机轮折好,卡进机头和机翼对应的卯孔内。

SU-37侧卫终结者飞机模型组装效果

制作完成,你觉得自己完成得怎么样呢?请在下表中将小五角星涂上颜色,给自己的作品一个评价吧!

制作评价表

评价人	组装完成度	制作水平	制作时长
自评	☆ ☆ ☆ ☆ ☆	☆ ☆ ☆ ☆ ☆	
老师评(家长评)	☆ ☆ ☆ ☆ ☆	☆ ☆ ☆ ☆ ☆	

 知识拓展

"巴伦支海空中手术刀"事件

SU-37侧卫终结者战斗机是由SU-27侧卫战斗机改进而来的,侧卫战斗机由苏联著名的苏霍伊设计局设计。我们来看看SU-27侧卫战斗机的高光时刻吧!

1987年9月13日,波罗的海巴伦支海上空,挪威空军第333飞行中队的P-3B型反潜巡逻机正在苏联沿岸执行侦察任务。

10时39分,该机与一架过去从未见过的苏联新式战斗机遭遇。10时56分,在距苏联海岸线48海里处,这架苏军战斗机第三次逼近反潜巡逻机。在稍加调整位置和方向后,苏军战斗机猛然加速,从反潜巡逻机的右翼下方高速掠过,它的垂尾尖端撞上了反潜巡逻机右翼外侧引擎的螺旋桨叶片,损坏的桨叶碎片像手术刀一样将反潜巡逻机右翼外侧的发动机割开一个大口子,导致反潜巡逻机飞行高度在一分钟内下降了3000多米。事件中的那架神秘的苏军战斗机,就是大名鼎鼎的SU-27侧卫战斗机。此次事件,被称为"巴伦支海空中手术刀"事件。

飞行中的SU-27侧卫战斗机

模型六
歼-5飞机模型

老师，请问冯如之后，我们中国人可以自己制造飞机了吗？

问得非常好！冯如之后，到新中国成立前，中国的工业基础薄弱，没有能力制造飞机。但新中国成立后，中国人奋发图强，终于开始自己制造飞机了。

那太好了！我们新中国制造的第一架战斗机是什么飞机呢？

新中国制造的第一架战斗机是歼-5战斗机，是我国空军第一代单座喷气式战斗机。

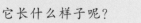

它长什么样子呢？

不要着急，今天我们就来制作一架歼-5飞机模型。它采用木质材料，制作完成后，你们要给自己的战斗机做好漂亮的涂装哦！

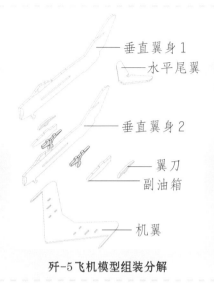

—— 垂直翼身1

—— 水平尾翼

—— 垂直翼身2

—— 翼刀

—— 副油箱

—— 机翼

歼-5飞机模型组装分解

　　请仔细观察图中各个配件,判断它们的位置和作用,然后按下面的步骤完成组装。

 模型制作

第1步

　　取出两片垂直翼身和机翼,将机翼一边的翼尖对准垂直翼身的榫槽穿进去,直到机翼中线卡进榫槽内。

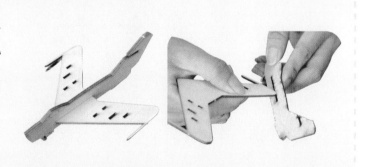

第2步

　　取出水平尾翼,安装到垂直尾翼的榫槽上,卡紧。

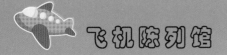

第3步

取出副油箱配件,将飞机翻过来,然后把两个副油箱的榫头分别卡进机翼中间的卯孔内。

第4步

取出机轮配件,将飞机翻过来,然后把两个机轮的榫头分别卡进机翼内侧的两个卯孔内。

第5步

取出翼刀配件,将翼刀的榫头从机翼的正上方卡进对应的卯孔内。

歼-5飞机模型组装完成效果

第6步

根据自己的理解和想法,给这架新飞机做一个漂亮的涂装。

歼-5飞机模型涂装参考

制作完成,你觉得自己完成得怎么样呢?请在下表中将小五角星涂上颜色,给自己的作品一个评价吧!

制作评价表

评价人	组装完成度	制作水平	制作时长
自评	☆ ☆ ☆ ☆ ☆	☆ ☆ ☆ ☆ ☆	
老师评(家长评)	☆ ☆ ☆ ☆ ☆	☆ ☆ ☆ ☆ ☆	

知识拓展

新中国第一代战斗机

1954年,沈阳飞机制造厂开始研制喷气式歼击机。研制飞机需制造的零件达14000多种,有25万件之多,涉及十几个行业的300多家企业,来自全国各地的上万名技术人员齐集沈阳,准备制造新中国自己的战斗机。

1956年7月13日,我国制造的第一架喷气式歼击机在沈阳飞机厂完成总装,全部采用自制零件。

歼-5飞机是全金属结构,体积小、重量轻,低空机动性能好。最大速度为1145千米/小时,实用升限为16000米,最大航程为1570千米。

试飞员登上歼-5飞机

模型七

强-5飞机模型

大家好！大家还记得我们前一架飞机模型的名字吗？

记得，上一架做的是歼-5飞机模型。

是的，非常好！它是我国第一代喷气式歼击机模型，今天我们一起制作一架强击机模型，好不好？

好！老师，什么是强击机呢？它和歼击机有什么区别？

嗯，简单地说，歼击机就是以制空为任务的战斗机，歼灭对方飞机，要求有高机动性；强击机主要是攻击地面目标或海面目标的战斗机，携带炸弹或导弹等武器。具体的需要大家查阅资料了解哦！

好，那我们今天制作的强
击机模型叫什么呢？

今天我们制作的是一架强-5飞机模型，它采用木质材料，制作完成后，大家要给自己的战斗机做好漂亮的涂装哦！

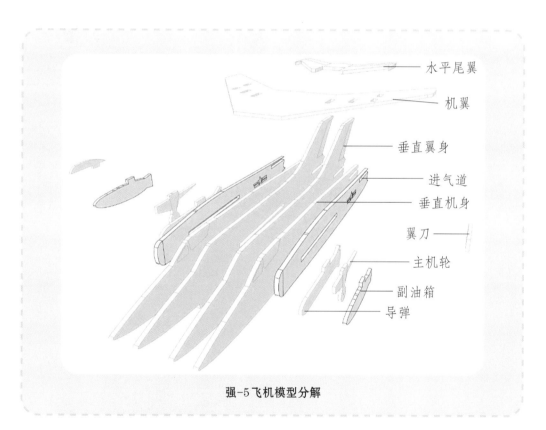

水平尾翼

机翼

垂直翼身

进气道

垂直机身

翼刀

主机轮

副油箱

导弹

强-5飞机模型分解

请仔细观察图中各个配件，判断它们的位置和作用，然后按下面的步骤完成组装。

飞机陈列馆

模型制作

第1步

取出垂直翼身、垂直机身和进气道各两片，再取出机翼，用打磨棒或砂纸对机翼轻轻打磨。

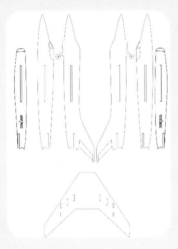

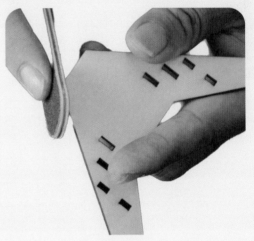

第2步

按顺序将垂直翼身、垂直机身和进气道卡进机翼，并居中对称。

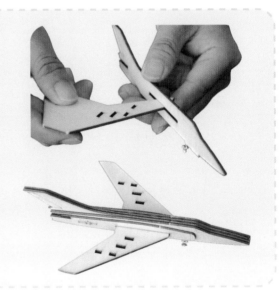

第3步

取出水平尾翼,安装到机尾的榫槽上并卡紧。

第4步

取出导弹配件,将飞机翻过来,然后把两枚导弹的榫头分别卡进机翼最靠近机身的卯孔内。

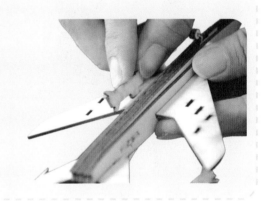

第5步

取出机轮配件,将飞机翻过来,然后把两个机轮的榫头分别卡进机翼中间的两个卯孔内。

第6步

取出副油箱配件,将飞机翻过来,将副油箱的榫头卡进机翼外侧对应的卯孔内。

第7步

取出翼刀配件,将翼刀的榫头从机翼的正上方卡进对应的卯孔内。

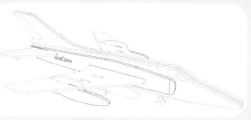

强-5飞机模型组装完成效果

第8步

根据自己的理解和想法,给这架新飞机做一个漂亮的涂装吧!

强-5飞机模型涂装参考

制作完成,你觉得自己完成得怎么样呢?请在下表中将小五角星涂上颜色,给自己的作品一个评价吧!

制作评价表

评价人	组装完成度	制作水平	制作时长
自评	☆ ☆ ☆ ☆ ☆	☆ ☆ ☆ ☆ ☆	
老师评(家长评)	☆ ☆ ☆ ☆ ☆	☆ ☆ ☆ ☆ ☆	

 知识拓展

强-5之父陆孝彭

强-5的诞生离不开一个人,他就是强-5之父——我国著名的飞机专家陆孝彭。

新中国成立后,他和一批飞机专家辗转回到了祖国,支持新中国的建设。

国家委派他担任我们自己的强击机总设计师,历经近十年努力,我国第一批国产喷气式强击机——强-5终于开始批量生产了。

后来他又担任了原南昌航空工业学院(2007年更名为南昌航空大学)院长,亲自编写教材为祖国培养航空人才。

南昌航空大学校园里的强-5飞机

南昌航空大学校园里的陆孝彭雕像

模型八

歼-8Ⅱ模型飞机

大家好！大家制作的强-5飞机模型很漂亮，有的同学做得很细心，打磨和涂装效果都非常好！

谢谢老师，我们今天制作什么飞机呢？

歼-5和强-5都是我国第一代战斗机，今天我们来制作一架第二代高速歼击机模型飞机，好不好？

好呀！老师，为什么这一架叫模型飞机，而上面几架您都是说飞机模型呢？

哇，你们听得可真仔细！是的，我们今天制作的是一种模型飞机，因为飞机模型是不可以飞的，它只能用于静态展示，而模型飞机是可以飞的，你们明白了吗？

太好了，那它叫什么呢？

不要着急，今天我们制作的是一架歼-8Ⅱ模型飞机，它采用魔术板材料，制作完成后，我们一起去试飞吧！

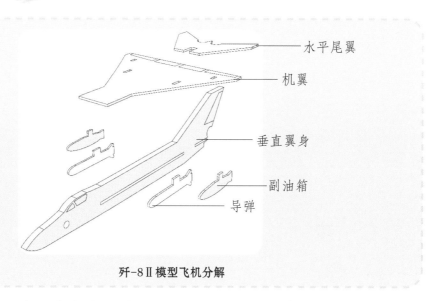

水平尾翼

机翼

垂直翼身

副油箱

导弹

歼-8Ⅱ模型飞机分解

请仔细观察图中各个配件,判断它们的位置和作用,然后按下面的步骤完成组装。

模型制作

第1步

取出垂直翼身和机翼,将机翼穿过垂直翼身的榫槽,对齐中线安装好。

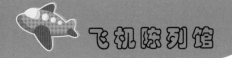

第2步

取出水平尾翼,安装到机尾的榫槽并卡紧。

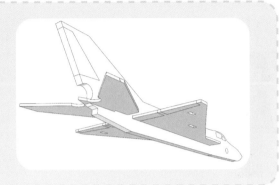

第3步

取出导弹,将导弹的榫头从机翼下方卡进机翼内侧的卵孔内。

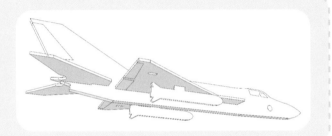

第4步

取出副油箱,将副油箱的榫头从机翼下方卡进机翼外侧的卵孔内。

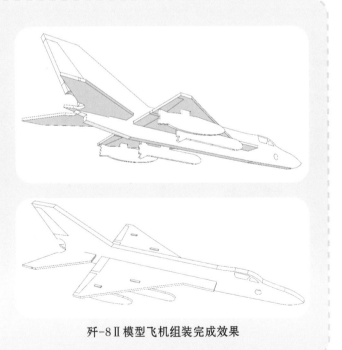

歼-8Ⅱ模型飞机组装完成效果

第5步

飞机组装好后,在机头的圆孔内填入橡皮泥或在机头夹一个小夹子,对飞机进行配重。

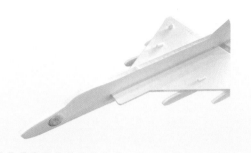

第6步

根据自己的理解和想法,给这架新飞机做一个漂亮的涂装吧!

歼-8Ⅱ模型飞机涂装参考

第7步

检查飞机是否安装标准,将水平尾翼的末端捏得微微上翘,准备试飞模型飞机。

飞行小技巧:用手捏住机身下部靠中间的位置,拿平飞机,机头略微向下,将飞机平推出去。

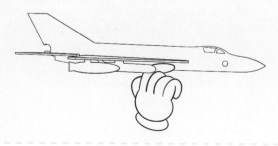

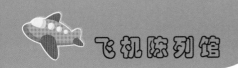

你试飞的效果怎么样呢？请在下表中将小五角星涂上颜色，给自己的作品一个评价吧！

制作评价表

评价人	组装完成度	制作水平	制作时长
自评	☆ ☆ ☆ ☆ ☆	☆ ☆ ☆ ☆ ☆	
老师评(家长评)	☆ ☆ ☆ ☆ ☆	☆ ☆ ☆ ☆ ☆	

 知识拓展

永远的81192

2001年4月1日，一架美国电子侦察机抵近我国海南岛东南上空进行侦察活动，我军立刻派遣两架歼-8Ⅱ战斗机升空对其进行监视和拦截。

飞行员王伟驾驶着编号为81192的歼-8Ⅱ战斗机，平稳且迅速地靠近美国侦察机，要求他们立刻离开中国的专属经济区空域。但美军侦察机机组成员却无视王伟的警告，继续前进。

为了驱离入侵者，王伟只能驾驶着81192反复逼近，持续对他们进行严厉警告。当王伟第四次贴近美国侦察机的时候，这架电子侦察机在没有任何征兆的情况下，突然改变航线，与81992发生碰撞，歼-8Ⅱ战斗机坠毁，王伟跳伞后下落不明，永远地消失在茫茫大海之中。

南昌航空大学校园里的歼-8Ⅱ战斗机

模型九
歼-10猛龙模型飞机

大家好！我们已经制作了我国的第一代、第二代战斗机模型，今天就开始制作第三代战斗机模型好不好！

好！

大家知道我国自主研制的第三代战斗机叫什么吗？

我知道，是歼-10。

非常棒，就在歼-8Ⅱ守卫我们的蓝天时，我国第三代高性能、多用途、全天候的新型战斗机歼-10横空出世了。

老师，什么是全天候战斗机呢？

全天候战斗机就是在各种复杂天气条件下都可以飞行的飞机。

太厉害了，那我们快制作吧！

不要着急，今天我们制作会比较简单，但制作完需要比一比谁飞得更好哦！

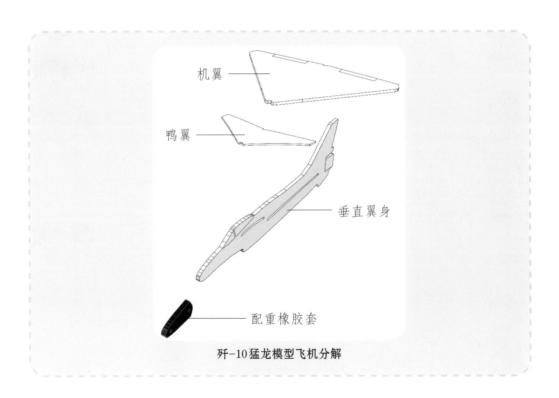

机翼

鸭翼

垂直翼身

配重橡胶套

歼-10猛龙模型飞机分解

　　请仔细观察图中各个配件，判断它们的位置和作用，然后按下面的步骤完成组装。

模型制作

第1步

　　取出垂直翼身和机翼,将机翼穿过垂直翼身的榫槽,对齐中线安装好。

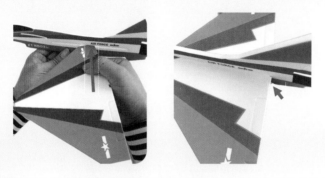

第2步

　　取出鸭翼,采用与机翼相同的安装方法,安装到机头的榫槽并卡紧。

第3步

　　取出配重橡胶套,将橡胶套套进机头。

歼-10模型飞机组装完成效果

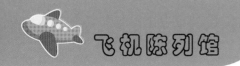

第4步

检查飞机是否安装标准,试飞模型飞机。

飞行小技巧:用手捏住机身下部靠中间的位置,拿平飞机,机头略微向下,将飞机平推出去。

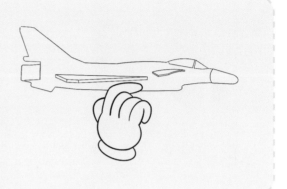

你试飞的效果怎么样呢？测量一下飞了多远吧！请在下表中将小五角星涂上颜色,给自己的作品一个评价吧！

制作评价表

评价人	组装完成度	制作水平	制作时长
自评	☆ ☆ ☆ ☆ ☆	☆ ☆ ☆ ☆ ☆	
老师评(家长评)	☆ ☆ ☆ ☆ ☆	☆ ☆ ☆ ☆ ☆	

知识拓展

歼-10战斗机

歼-10战斗机是中国自主研制的高性能、多用途、全天候的第三代战斗机,其作战半径大,起降距离短,攻击能力强,综合作战效能达到国际同类战斗机先进水平。

歼-10战斗机在航展上表演

模型十
歼-15飞鲨模型飞机

大家听说过舰载机吗？

当然，舰载机就是在航空母舰上起飞降落的飞机。

真棒！我们这里说的舰载机是指舰载战斗机，是航空母舰的主要作战工具。

哇，可是它为什么要在航空母舰上起降呢？

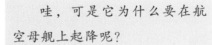

问得非常好，因为一般的战斗机都有航程的限制，作战范围有限。舰载机在航空母舰上起降有很多优点，它比海上舰艇速度快，比陆上起飞的飞机"腿"长，可以实现远海战斗。

老师，我国有自己的舰载机吗？

当然有啊，今天我们就来参照我国的歼-15舰载机制作一架歼-15模型飞机。

太好了，那我们快制作吧！

不要着急，制作完我们还要做出漂亮的涂装，来一次着舰比赛哦！

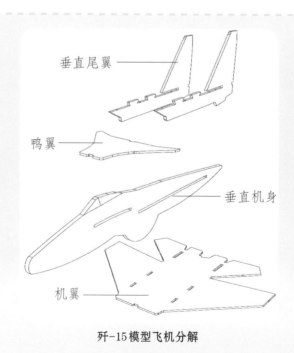

垂直尾翼

鸭翼

垂直机身

机翼

歼-15模型飞机分解

请仔细观察图中各个配件，判断它们的位置和作用，然后按下面的步骤完成组装。

 模型制作

第**1**步

取出垂直机身和机翼，将机翼穿过垂直机身靠后的榫槽，对齐中线安装好。

第**2**步

取出鸭翼，采用与机翼相同的安装方法，安装到机头的榫槽并卡紧。

第**3**步

取出两个垂直尾翼，分步将垂直尾翼的榫头卡进机翼的多个卯孔内。

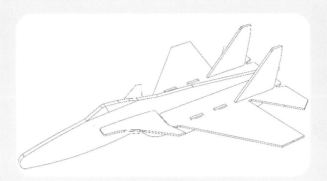

歼-15模型飞机组装完成效果

第4步

安装完成,在机头处夹一个小夹子或贴上软胶装饰贴给飞机配重。

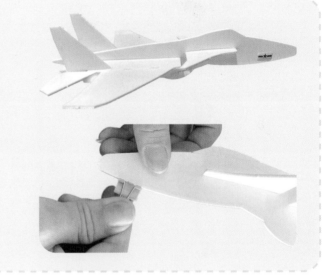

第5步

根据自己的想法,对飞机进行涂装。

歼-15模型飞机涂装参考

第6步

检查飞机是否安装标准,试飞模型飞机。

飞行小技巧:用手捏住机身下部靠中间的位置,拿平飞机,机头略微向下,将飞机平推出去。

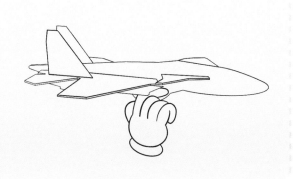

你试飞的效果怎么样呢?请确定一个着舰区域,像舰载机飞行员一样进行着舰练习吧!请在下表中将小五角星涂上颜色,给自己的作品一个评价吧!

制作评价表

评价人	组装完成度	制作水平	制作时长
自评	☆ ☆ ☆ ☆ ☆	☆ ☆ ☆ ☆ ☆	
老师评(家长评)	☆ ☆ ☆ ☆ ☆	☆ ☆ ☆ ☆ ☆	

 知识拓展

歼-15舰载机

歼-15是以歼-11战斗机为基础研制的单座双发重型舰载战斗机。它拥有卓越的机动能力和强大的火力,具有超视距和多任务作战能力及强大的生存能力。

歼-15的机翼可以折叠,折叠后节省了航空母舰上的宝贵空间,以便航空母舰上可以停靠更多的舰载机。

歼-15在航空母舰上起飞

模型十一

歼-16潜龙飞机模型

大家好！你们知道什么是电子战飞机吗？

不知道，是打电子游戏的吗？

哈，当然不是！电子战飞机是一种专门对敌方雷达、电子制导系统和无线电通信设备进行电子侦察、干扰和攻击的飞机。它的主要任务是使敌方空防体系失效，掩护己方飞机顺利执行攻击任务。

哇，好厉害呀！

对，电子战飞机在现代战争中非常重要，可以与其他飞机配合，先来一波电子攻击，甚至让敌方的电子系统瘫痪。

真是太厉害了，老师，我国有自己的电子战飞机吗?

当然有啊，我国的电子战飞机就是歼-16D电子战飞机，今天我们就来制作一架歼-16飞机模型。

太好了，我们采用什么材料制作呢?

歼-16飞机模型采用木质结构，我们做好以后来个隐身涂装吧!

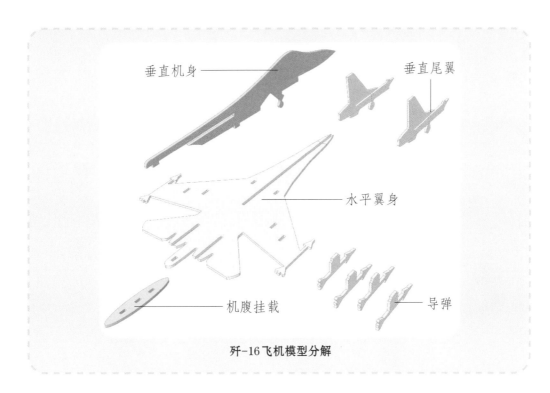

垂直机身

垂直尾翼

水平翼身

机腹挂载

导弹

歼-16飞机模型分解

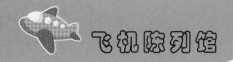
请仔细观察图中各个配件,判断它们的位置和作用,然后按下面的步骤完成组装。

 模型制作

第1步

取出垂直机身和水平翼身,将机身的尾部对着水平翼身的头部呈十字交叉插接到位,将机尾的榫卯卡接好。

第2步

取出垂直尾翼,采用与垂直机身相同的安装方法,从水平翼身的尾部安装到位,将对应榫卯卡紧。

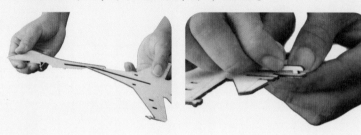

第3步

取出四枚导弹配件和机腹挂载,分别卡进对应的卯孔内。

歼-16飞机模型组装完成效果

第4步

根据自己的想法,对飞机进行涂装。

歼-16飞机模型涂装参考

你制作的歼-16飞机模型如何?请在下表中将小五角星涂上颜色,给自己的作品一个评价吧!

制作评价表

评价人	组装完成度	制作水平	制作时长
自评	☆ ☆ ☆ ☆ ☆	☆ ☆ ☆ ☆ ☆	
老师评(家长评)	☆ ☆ ☆ ☆ ☆	☆ ☆ ☆ ☆ ☆	

 知识拓展

歼-16战斗机

歼-16是我国自主研发的双座双发重型多用途战斗机,由沈阳飞机工业(集团)有限公司研制,属于第四代半战斗机。它既可完成制空作战任务,又能实施对地、对海打击。歼-16的出现让中国空军开始逐渐走向攻防兼备,让空、海军作战实现了作战中的任务转换,朝着联合作战目标更进一步,具有划时代的意义。

由歼-16发展而来的歼-16D,是国产歼-16战斗机系列中最新研制并装备部队的新型电子战飞机。作为电子战飞机,它可以与其他战斗机无缝伴随作战,可以与歼-20联手,具有强大的履行使命任务的能力。

飞行中的歼-16

模型十二

歼-20威龙模型飞机

大家好！我们已经学习制作了中国自主研发的多款战斗机模型，祖国的航空技术是不是越来越厉害了！

是！

那大家知道我国还有一款世界先进水平的顶级战斗机吗？

我知道，中国有歼-20隐身战斗机。

真是太棒了！我们已经发展出了第五代隐身战斗机，它就是我们的歼-20隐身战斗机。

老师，什么是隐身战斗机呢？隐身是用眼睛看不见吗？

哦，隐身不是眼睛看不见，而是指敌方的雷达很难扫描识别，大家明白了吗？

哇，明白了！我们今天是不是制作歼-20模型飞机？

真聪明！今天就来制作歼-20模型飞机，大家制作完再比一比谁飞得更好哦！

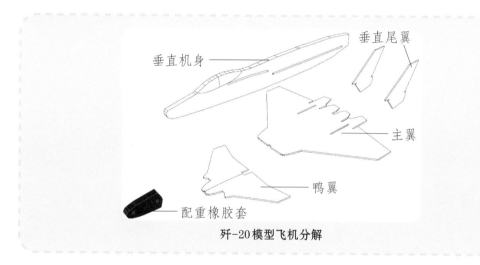

垂直机身

垂直尾翼

主翼

鸭翼

配重橡胶套

歼-20模型飞机分解

请仔细观察图中各个配件，判断它们的位置和作用，然后按下面的步骤完成组装。

 模型制作

第1步

取出垂直机身和主翼，将主翼穿过垂直机身的后方榫槽，对齐中线安装好。

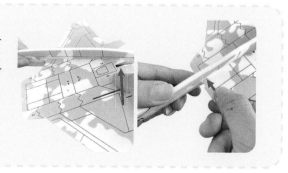

第2步

取出鸭翼,采用与机翼相同的安装方法,安装到机头的榫槽并卡紧。

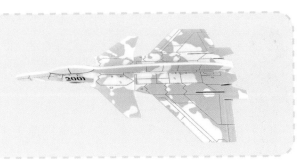

第3步

取出两片垂直尾翼,将垂直尾翼卡进机翼后方的榫槽内。

第4步

取出配重橡胶套,将橡胶套套进机头。

歼-20模型飞机组装完成效果

第5步

检查飞机是否安装标准,试飞模型飞机。

飞行小技巧:用手捏住机身下部靠中间的位置,拿平飞机,机头略微向下,将飞机平推出去。

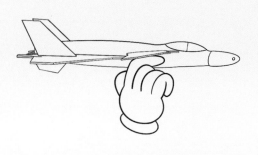

你这架超级战斗机试飞的效果怎么样呢？测量一下飞了多远吧！请在下表中将小五角星涂上颜色,给自己的作品一个评价吧！

制作评价表

评价人	组装完成度	制作水平	制作时长
自评	☆ ☆ ☆ ☆ ☆	☆ ☆ ☆ ☆ ☆	
老师评(家长评)	☆ ☆ ☆ ☆ ☆	☆ ☆ ☆ ☆ ☆	

 知识拓展

歼-20战斗机

歼-20是中国自主研制的一款具备高隐身性、高态势感知、高机动性等能力的第五代制空战斗机,是我国空军最新一代双发重型隐形战斗机。

小朋友们,2022年歼-20已换装国产发动机,战斗机的航电系统完成了全面升级。值得一提的是,2023年11月23日,第十批志愿军烈士遗骸回国时,由2架歼-20在我国领空为执行接运任务的运-20伴飞护航,以"双20"列阵长空告慰革命先烈。

飞行中的歼-20

模型十三
运－20鲲鹏飞机模型

大家好！你们见过飞机运坦克吗？

真的吗？什么飞机可以装下坦克？

当然是真的，它就是大型运输机。

哇，那真厉害！

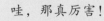

大型运输机起飞总重量可超过100吨，包括军用型、民用型。现代大型运输机的航程已达数千甚至上万千米，经过空中加油，可实施全球输送。

老师，我国也有自己的大型运输机，对吗？

是的，我国的大型运输机叫运-20鲲鹏运输机，我们今天就来制作一架运-20鲲鹏运输机模型吧！

太好了，我们采用什么材料制作呢？

运-20鲲鹏运输机模型采用木质结构，我们做好后仔细打磨，做个漂亮的涂装哦！

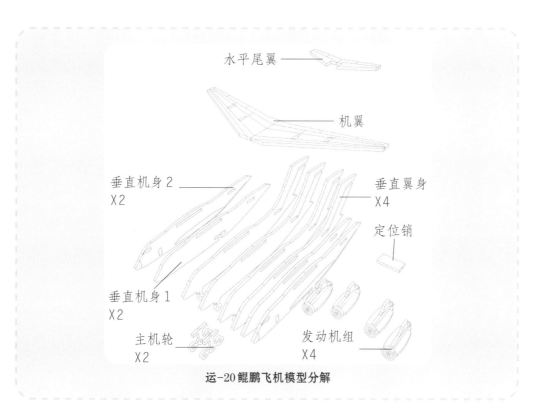

水平尾翼

机翼

垂直机身2
X2

垂直翼身
X4

定位销

垂直机身1
X2

主机轮
X2

发动机组
X4

运-20鲲鹏飞机模型分解

请仔细观察图中各个配件,判断它们的位置和作用,然后按下面的步骤指导完成组装。

模型制作

第1步

取出机翼、4片垂直翼身和2片垂直机身1,依次对称将垂直翼身和垂直机身1卡进机翼的中间,注意顺序。

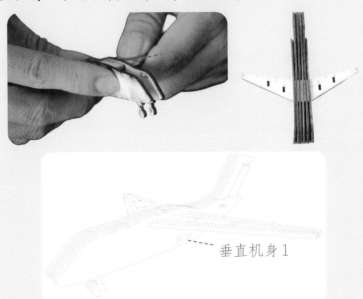

垂直机身1

第2步

取出两个主机轮,分别从两边卡进垂直机身1的榫槽内。

第3步

取出2片垂直机身2,分别卡进机翼与垂直机身1贴紧。

第4步

取出定位销,将定位销卡进机身尾部卯孔内。

第5步

取出水平尾翼,卡进垂直尾翼的榫槽内。

第6步

取出发动机组件,将四个发动机组装起来。

第7步

将四个发动机安装到机翼下面。

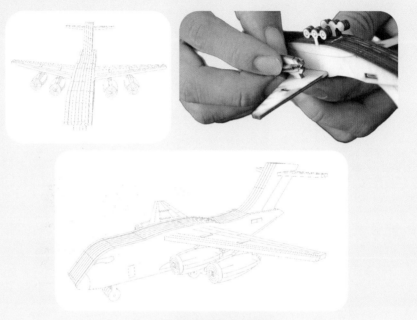

运-20飞机模型组装完成效果

第8步

根据你的想法，对运-20飞机模型进行涂装吧！

运-20飞机模型涂装参考

你制作的运-20飞机模型如何？请在下表中将小五角星涂上颜色，给自己的作品一个评价吧！

制作评价表

评价人	组装完成度	制作水平	制作时长
自评	☆ ☆ ☆ ☆ ☆	☆ ☆ ☆ ☆ ☆	
老师评(家长评)	☆ ☆ ☆ ☆ ☆	☆ ☆ ☆ ☆ ☆	

 知识拓展

运-20运输机

运-20鲲鹏运输机是我国自主研发的新一代大型运输机,由中航西安飞机工业集团股份有限公司研发。运-20作为大型多用途运输机,采用了多项先进技术,可在复杂气象条件下,执行各种物资和人员长距离航空运输任务。

运-20采用的是悬臂式上单翼和T形尾翼设计,就是把机翼装在机身上面,水平尾翼装在垂直尾翼上面。这样,机翼和水平尾翼离地面更高,发动机离地远,在复杂的环境下,发动机不容易吸进砂石等物;货舱低,可以更快地装卸货物,野外起降能力强。

运-20在航展上

模型十四

空警—500飞机模型

大家好！我们已经学习了各种战斗机、电子战飞机、运输机，那它们在空中怎么发现目标，如何配合，怎么指挥呢？

可以通过雷达！

很好，但地面雷达由于受地形的影响，覆盖范围有限，战斗机的雷达一般性能有限，有效地指挥各种战斗机需要大型预警机。

老师，那我们有自己的预警机吗？

当然，我国有多款预警机，如空警—200、空警—500和空警—2000。

哇，我们今天制作预警机模型吗？

是的，我们今天制作空警-500预警机模型，还是采用木质材料制作，大家要制作的更加熟练和精美哦！

好的，还要有漂亮的涂装！

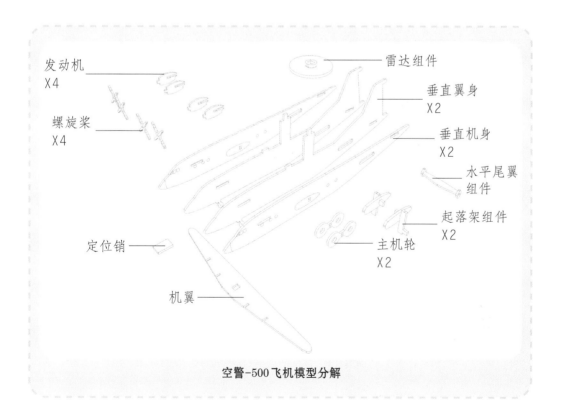

空警-500飞机模型分解

请仔细观察图中各个配件,判断它们的位置和作用,然后按下面的步骤完成组装。

模型制作

第1步

取出定位销,用砂纸轻轻打磨棱角,先卡进垂直翼身的前卯孔。

第2步

取出水平尾翼配件,卡进垂直翼身的后卯孔,将两边垂直翼身组装起来。

第3步

取出两边垂直机身,对齐位置分别贴紧垂直翼身安装。

第4步

取出水平尾翼翼梢配件，如图安装。

······翼梢配件

第5步

取出两个主机轮和两套起落架组件，将它们组装起来。

将榫头卡到底

起落架组装效果

第6步

将起落架安装到垂直机身上并卡紧。

第7步

取出发动机和螺旋桨各四个，将发动机卡进机翼对应的位置，再将螺旋桨安装到发动机上。

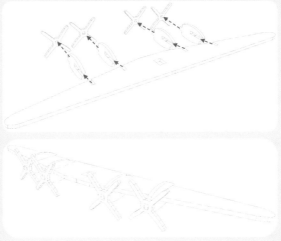

第8步

将组装好的机翼卡进机身的顶部。

第9步

取出雷达组件,将雷达组件安装到机背上。

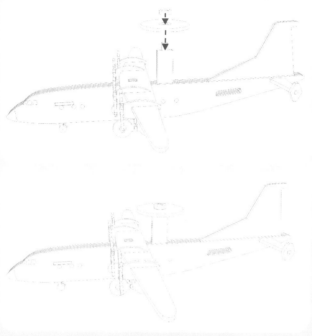

空警-500飞机模型组装完成效果

第10步

根据你的想法,对空警-500飞机模型进行涂装吧!

空警-500飞机模型涂装参考

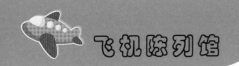

你制作的空警-500飞机模型如何？请在下表中将小五角星涂上颜色，给自己的作品一个评价吧！

制作评价表

评价人	组装完成度	制作水平	制作时长
自评	☆ ☆ ☆ ☆ ☆	☆ ☆ ☆ ☆ ☆	
老师评（家长评）	☆ ☆ ☆ ☆ ☆	☆ ☆ ☆ ☆ ☆	

 知识拓展

空警-500预警机

空警-500是继空警-2000、空警-200后，中国自主研制的第三型预警机。它是中型、全天候、多传感器空中预警与指挥控制飞机，主要承担空中巡逻警戒及指挥控制任务。空警-500以国产运-9为载机，采用世界领先的数字相控阵雷达技术，是完全国产化的新一代预警机。

大家知道预警机背上背着的大圆盘是做什么的吗？那里面可是装着预警机的核心——雷达。预警机的机身上都装着一个圆盘状的雷达罩，圆盘的大小，决定着飞机的侦查和测控能力。空警-500上安装着重量更轻、性能更优的预警雷达，实现了在核心技术上的突破。

空警-500预警机在航展上